花生就是醬好吃

HAPPY NUTS DAY　著

連雪雅　譯

五花八門
的絕妙
花生醬食譜

PEANÜT BUTTER

落 下的
花 滋養土壤孕育出
生 命的能量。

擁有美好由來的花生，
做成美味的花生醬。
有了花生醬的陪伴，我們的
生活也會變得多采多姿。

不只是拿來抹麵包
而已喔。

不知道實在好可惜！
花生醬其實還有
許多很棒的享用方式。

一起來試試！

by HAPPY NUTS DAY

目次

＊1小匙＝5cc、1大匙＝15cc

＊本書的微波加熱時間是600w的情況（有時會因機種或熱導率產生差異）。
　加熱後會變燙，取出時請小心別燙傷。

前言

　　二〇一二年的春天，我和板友一起去千葉縣沿海的某處農場玩，在那兒遇見了沒人要的「NG花生」，明明很好吃卻因為賣相差，沒辦法當成商品。當時，我們一行人嚷著用這些花生做花生醬吧！然後請農場的人分了一些給我們。毫無料理經驗的我們，用露營器具焙煎花生，向父母借來研磨缽，開始投入於磨花生這件事。儘管磨到手痠，仍持續磨著那些賣不出去就得丟掉的花生，堅持下去的結果就是閃閃發亮的濃稠花生醬。那股喜悅之情，就像平常溜滑板飛越街上的階梯，彷彿找到了超讚的練板場，內心無比興奮。

　　不知不覺間，我成了花生醬迷，每天思考著大家會喜歡怎樣的花生醬，做了好幾種裝在塑膠杯裡，帶著手寫的廣告牌，到車站外擺攤。請客人試吃的過程中，他們也會分享意見，像是味道或口感的綿密度。當然，大家的喜好各不相同。我把那些意見當作參考，心裡想著：「我要做出世界第一美味的花生醬。如果能帶給大家歡樂的一天，那就太棒了！」二〇一三年的夏天，我和伙伴們成立了「HAPPY NUTS DAY」這個花生醬品牌。原本不太搭理我們的花生農和焙煎師也改變態度願意協助，用研磨缽試做了幾年後，終於完成我們心目中世界第一美味的花生醬。

於是，我趕緊請也有出現在本書的野村友里小姐試吃。她覺得我們的花生醬很有意思，讓我們把花生醬放在她的餐廳「restaurant eatrip」試賣。經過口耳相傳，我們的花生醬傳遍全國，不少店家都說想賣，目前在日本已有超過百家店買得到。

這次有機會出版日本第一本關於花生醬的書，我深感榮幸。透過本書，我和因為「HAPPY NUTS DAY」結緣的同好們一起分享花生醬的創意吃法。

衷心期望本書能帶給各位歡樂的時光！

HAPPY NUTS DAY

代表董事　中野剛

本書的
「花生醬美好生活」
歡迎你的加入

書中的花生醬
有什麼特色？

充分發揮
花生的優點，
簡單溫和的好滋味

市售的花生醬多半會放很多油和砂糖，本書是用優質花生加少量砂糖與鹽製成的天然花生醬。那種單純的美味會顛覆各位對花生醬的既有印象。

如何準備
花生醬？

在家就能
輕鬆完成

只要有果汁機，三十分鐘左右就能做出好吃的花生醬。重點是要使用國產花生。濃醇香甜的國產花生可以做成上等的花生醬。做好的花生醬放進冰箱冷藏可保存約一個月。

「偶爾會用花生醬抹麵包吃，但大部分的時間都是放在冰箱裡」、「一瓶都用不完……」，不少人應該有這樣的情況。不過，看了本書介紹的各種推薦吃法後，在家做菜或做便當會覺得很有趣，用餐時光變得更愉快。

歡樂的
花生醬生活

花生醬
有哪些用法？

彙整多道早午晚
隨時都想吃的美味料理，
保證令你食指大動！

拌一拌即可的簡單菜色、異國風味、和食、做起來稍微費事的料理，種類豐富，可依心情選擇。認為「花生醬＝抹在麵包上吃的東西」的人，看了肯定驚呼連連！

吃起來不都是
花生醬的味道嗎？

吃過就知道！
變化豐富的
滋味讓人驚喜

加了花生醬會增添香醇感，常見的料理立刻美味升級。搭配美乃滋或醬油、魚露、醋等其他調味料，味道會產生許多變化。試著自己做做看，體驗動手做的樂趣。

Part 1 自己動手試一試！

自製專屬於你的花生醬

HAPPY NUTS DAY獨家分享！
在家也能輕鬆做的花生醬。使用
簡單材料做成的花生醬，甜度略
低，適用於各種料理。

花生……100g

花生的種類多樣,如國外產、國內產、有調味、原味等,本書是用日本國產(特別是千葉縣產)的原味花生。品種為「中手豐」(nakateyutaka)或「千葉半立」,香氣十足、甜味與濃醇度顯著。潤口滑順的美味花生醬,使用帶殼或無殼花生皆可。

砂糖(甜菜糖)……13g

砂糖種類會改變完成的風味。HAPPY NUTS DAY 用的是甜菜糖,這種糖富含寡糖,甜味爽口不膩。另外像是上白糖或細砂糖、三溫糖等也可拿來製作。上白糖與細砂糖屬於溫和的風味,三溫糖的甜味比較強烈。

鹽……1小撮

鹽的作用是突顯砂糖的甜味,統整花生醬的味道。鹽的種類很多,如海鹽或岩鹽等,用哪種都沒關係。HAPPY NUTS DAY 用的是千葉縣產的海鹽。顆粒較粗的鹽,滋味紮實明確。細一點的鹽能為整體注入柔醇的鹹味。

有些果汁機會因為放的材料量少而無法攪拌。
以上述的分量為基礎,配合使用的果汁機增加分量。

果汁機

將材料攪打成奶油狀,除了果汁機也可使用食物調理機。

平底鍋

用來炒香花生,尺寸沒有限制。

橡皮刮刀

比起木鏟,用橡皮刮刀更易舀挖做好的花生醬。

玻璃瓶

備妥喜歡的空瓶,使用前請先仔細洗淨,用熱水消毒。

15

❶ 去皮

花生的薄皮有澀味，去除後再使用。
把花生放在掌心搓一搓，薄皮自會脫
落。

❷ 用平底鍋乾炒

鍋內不倒油，花生下鍋以中小火加熱，邊炒邊輕搖鍋身。
待傳出香氣、表面微泛光澤便可起鍋。炒太久會炒焦，請
務必留意。

❸ 倒入所有材料

將花生、砂糖（甜菜糖）、鹽倒入果汁機或食物調理機。

❹ 攪打

攪打至花生顆粒變細後，先暫停，用橡皮刮刀混拌。

5 拌勻後，再攪打一會兒

接著繼續攪打、暫停、混拌，
重複這樣的步驟，直到花生的
油分釋出，呈現豆渣的狀態。

6 確認狀態

繼續攪打，等到變成黏稠的糊狀即可停
止。用橡皮刮刀舀挖，確認是否已打勻。

❼ 裝瓶，完成

唷呼完成囉！

裝入已用熱水消毒過的空瓶。

＼ 美味升級小創意！ ／

果汁機裡剩下的花生醬加牛奶

花生醬質地黏稠，有時就算用橡皮刮刀刮還是會剩，直接洗掉很可惜。那就做成好喝的花生醬牛奶吧！只要加牛奶攪打，倒入杯子就能享用，剩下的花生醬絲毫沒有被浪費。

營養美味的花生醬牛奶完成♪

Part 2 隨心所欲自由變化！
我的花生醬吃法

接下來要介紹使用Part 1做好的花生醬食譜。

從加料即可的簡單吃法到意想不到的搭配，種類豐富多變。

說不定很快就用完囉！

起司×花生醬

香濃的起司
配上花生醬。
微甜的花生醬與
起司的鹹味
形成完美組合。

材料 | 依個人喜好酌量

- 花生醬……適量
- 卡門貝爾起司……適量
- 瑞可達起司……適量

- 果乾或堅果、棍子麵包等喜歡的食材
  ……適量

作法

❶ 卡門貝爾起司切成方便入口的大小，和瑞可達起司一起盛盤。

❷ 再擺上花生醬、喜歡的果乾或堅果、切片的棍子麵包即完成。

Ⓐ
花生醬
×
葡萄酒醋

Ⓑ
花生醬
×
美乃滋

兩種淋醬

酸爽、濃郁這兩種口味
遇上花生醬都能提升美味。
可當作沾醬或醬汁使用的萬能淋醬。

Ⓐ 花生醬×葡萄酒醋

材料｜方便製作的分量，完成的量約120ml

- 花生醬……1大匙
- 洋蔥……1/8個
- 香芹……1/2根
- 番茄……1/4個
- 薑……1個拇指大

- 白酒醋……2大匙
- 橄欖油……2大匙
- 鹽……1小匙
- 水……1大匙

作法

❶ 洋蔥與香芹切末，番茄切丁，薑磨成泥。
❷ 把❶和剩下的材料全部拌勻。

Point

洋蔥切粗末，辣味較重，
請切成細末。如果磨成
泥，口感會變得滑順。

Ⓑ 花生醬×美乃滋

材料｜方便製作的分量，完成的量約120ml

- 花生醬……2大匙
- 大蒜……1/2瓣
- 美乃滋……2大匙
- 味噌……1大匙

- 米醋……1小匙
- 牛奶……3大匙
- 鹽、胡椒……適量
- 碎花生……適量

作法

❶ 大蒜磨成泥。

❷ 除了鹽、胡椒，其他材料全部倒入調理碗拌勻。試吃味道，酌量加鹽、胡椒調味。

Point

拌勻所有材料後，試吃調味，加些許牛奶，味道會變得溫順。

滿足了味蕾的
小創新！

淋醬的美味活用術

花生醬×葡萄酒醋的
(A) **豬肉片茄子沙拉**

材料 | 2人份

* 花生醬×葡萄酒醋（作法請參閱P.23）……適量
* 茄子……2條
* 麻油……1大匙
* 豆芽菜……1/2包
* 豬五花肉（薄片）……150g
* 酒……1大匙
* 鹽、胡椒……適量
* 茗荷……2個
* 青蔥……約10cm

作法

❶ 茄子先對半縱切，再縱切成2～3等分，泡水去澀。

❷ 將茄子鋪排在耐熱容器內，淋上麻油，依序疊放豆芽菜、豬五花肉，倒酒並撒些鹽、胡椒，用保鮮膜略微包覆，微波加熱3～4分鐘。

❸ 盛盤，淋上花生醬×葡萄酒醋，撒些切成薄片的茗荷與蔥花即完成。

花生醬×美乃滋的
(B) **料多多春捲**

材料 | 2人份

* 花生醬×美乃滋（作法請參閱P.24）……適量
* 冬粉……50g
* 麻油……1小匙
* 魚露……1小匙
* 蝦子……6隻
* 小黃瓜……1條
* 青紫蘇葉……4片
* 生春捲皮……4片

作法

❶ 冬粉水煮後，用麻油加魚露拌一拌。

❷ 蝦子去除泥腸，水煮後對半縱切。小黃瓜切成細絲。

❸ 生春捲皮用水泡軟，均勻擺入蝦子、青紫蘇葉、冬粉、小黃瓜捲起來。盛盤，旁邊放花生醬×美乃滋即可享用。

豆腐沾醬

豆腐的大豆異黃酮
對肌膚很不錯唷

柔滑的嫩豆腐搭配
加了花生醬、魚露的
亞洲風味沾醬。
再多生蔬菜也吃得下
令人欲罷不能的滋味。

材料｜方便製作的分量，完成的量約150g

- 花生醬……2小匙
- 香菜……適量
- 嫩豆腐……100g
- 魚露……2小匙
- 蜂蜜……1小匙
- 檸檬汁……2小匙
- 雞湯粉……1又1/2小匙
- 切成適口大小的甜椒或花椰菜等喜歡的蔬菜……適量

作法

❶ 香菜切碎。

❷ 將所有材料倒入調理碗，用小一點的打蛋器充分拌勻。盛入
　 容器，旁邊擺上喜歡的蔬菜即完成。

Point

把嫩豆腐攪爛，和花
生醬、蜂蜜混拌，用
小一點的打蛋器最適
合。嫩豆腐與材料拌
至呈現軟綿的狀態。

異國風情鷹嘴豆泥

只要用鷹嘴豆罐頭和食物調理機就能
在短時間內完成道地的鷹嘴豆泥。
可做成三明治或披薩,好吃又實用。

材料 | 方便製作的分量,完成的量約400g

- 花生醬⋯⋯3大匙
- 大蒜⋯⋯1瓣
- 橄欖油⋯⋯適量
- 水煮鷹嘴豆(罐頭)⋯⋯250g
- 罐頭的湯汁⋯⋯3~4大匙

- 檸檬汁⋯⋯1又1/2大匙
- 鹽⋯⋯1/3小匙
- 胡椒⋯⋯少許
- 小茴香粉⋯⋯1/4小匙
- 小茴香籽⋯⋯適量

作法

❶ 大蒜切末。平底鍋內倒橄欖油,蒜末下鍋以小火拌炒,但不要炒上色。

❷ 除了小茴香籽,其他材料全部倒入食物調理機,攪打至柔滑狀態。

❸ 盛盤,撒上小茴香籽、淋些橄欖油(材料分量外)。

Point

食物調理機可將所有材料充分拌
勻,攪打成軟綿滑順的質地。

28

異國風情鷹嘴豆泥的美味活用術

異國風情鷹嘴豆泥的
口袋烤餅披薩

材料 | 2人份

- 異國風情鷹嘴豆泥
  （作法請參閱P.28）……100g
- 口袋餅……2塊
- 嫩葉生菜……20g

- 小番茄……2～3個
- 茅屋起司……2大匙
- 鹽、胡椒……適量
- 橄欖油……適量

作法

❶ 口袋餅稍微烤過，單面塗抹異國風情鷹嘴豆泥。

❷ 接著擺上嫩葉生菜、切成3～4等分的小番茄、茅屋起司。

❸ 撒些鹽、胡椒、淋上橄欖油即完成。

異國風情鷹嘴豆泥的
焗烤菇

材料 | 直徑15cm的容器1個

- 異國風情鷹嘴豆泥
  （作法請參閱P.28）……150g
- 舞菇……1/2包
- 鴻喜菇……1/2包

- 起司粉……1大匙
- 橄欖油……1大匙
- 小茴香籽……適量

作法

❶ 把異國風情鷹嘴豆泥鋪平於耐熱容器內，擺上切成一口大小的舞菇和鴻喜菇。

❷ 撒上起司粉、淋橄欖油，再撒些小茴香籽。

❸ 放進烤箱烤約8～10分鐘，烤至表面上色即完成。

堅果×
新鮮水果的
思慕昔

鳳梨和芒果、
香蕉加花生醬
做成的思慕昔喝起來
帶些堅果的香醇是美味的點綴

材料 | 2人份

- 花生醬……2大匙
- 鳳梨……100g
- 芒果……100g
- 花生、穀麥、南瓜子等喜歡的配料……適量
- 香蕉……1根
- 原味優格……200g
- 奇亞籽……1大匙

作法

❶ 鳳梨、芒果、香蕉取少量做裝飾用,剩下的大略切塊。
❷ 把❶和花生醬、原味優格、奇亞籽用果汁機攪勻,倒入容器,放進冰箱冷藏。
❸ 從冰箱取出,擺上喜歡的配料與預留做裝飾用的水果。

胡蘿蔔炒藕片

常見的家常菜
加了花生醬後
散發誘人香氣,也很適合當成下酒菜。

材料 | 2人份

- 花生醬……1小匙
- 蓮藕……1/2節
- 胡蘿蔔……1/2根

- 醬油……2小匙
- 味醂……2小匙
- 酒……1小匙
- 水……1小匙
- 碎花生……適量

作法

❶ 蓮藕與胡蘿蔔切成扇形片狀。花生醬和Ⓐ充分拌勻。

❷ 平底鍋內倒1小匙沙拉油(材料分量外),藕片與胡蘿蔔下鍋拌炒。炒至藕片略微軟透後,倒入❶拌好的調味料,炒到水分收乾。

❸ 盛盤,撒上碎花生。

南瓜花椰菜
沙拉

用花生醬、優格、
美乃滋做成的淋醬
拌一拌蔬菜即完成。
配麵包一起吃肯定很棒。

材料 | 2人份

- 花生醬……1小匙
- 南瓜……1/8個
- 花椰菜……1/4株
- 洋蔥……1/4個

- 培根……2片
- Ⓐ 原味優格……2大匙
  - 美乃滋……2大匙
  - 鹽、胡椒……適量

作法

❶ 南瓜和花椰菜切成一口大小，洋蔥切末，培根切成1cm寬。

❷ 在大一點的調理碗內倒入花生醬和Ⓐ，充分拌勻。

❸ 南瓜放進耐熱容器，包上保鮮膜，微波加熱4～5分鐘。花椰菜同樣微波加熱1分半～2分鐘。

❹ 平底鍋加熱，培根下鍋乾煎，煎至香脆。取出培根，接著將洋蔥末下鍋拌炒。等到❸與培根、洋蔥末變涼後，倒入❷混拌，盛盤。

Point

南瓜和花椰菜微波加熱後，置於托盤內放涼。拌醬汁之前，請先確認是否已變涼。

百分百甜椒濃湯

以整顆甜椒做成營養滿分的濃湯。

滋味溫潤,可當作晚歸時的晚餐或早上喝。

奶油與花生醬增添濃郁感。

材料 | 2人份

- 花生醬……1大匙
- 紅甜椒……2個
- 洋蔥……1/4個
- 大蒜……1瓣
- 奶油……10g

- 高湯……200ml
- 牛奶……200ml
- 鹽……1/2小匙
- 胡椒……少許
- 香芹……適量

作法

❶ 紅甜椒切成適當的大小,鋪排在耐熱盤內,包上保鮮膜,微波加熱2分鐘,翻面再加熱2分鐘。放涼後,剝除表皮。

❷ ❶與洋蔥切成細絲,大蒜切成薄片。

❸ 平底鍋內放奶油,以小火加熱,奶油融化後,洋蔥和大蒜下鍋拌炒。待洋蔥變得軟透,再加紅甜椒與高湯、花生醬,充分混拌。

❹ 把❸用果汁機(或食物調理機)攪打成柔滑狀態。接著少量地加牛奶混拌,拌勻後倒入鍋內加熱。

❺ 以鹽、胡椒調味,盛盤後撒上切碎的香芹。

Point

甜椒去皮是為了做出口感滑順的濃湯。只要微波加熱,就能輕鬆剝除表皮。

沙嗲雞

這是印尼的國菜，塗抹花生醬
碳烤而成的雞肉串，若是用自製花生醬
做出來的味道更正宗。

材料 | 2人份

- 花生醬……1大匙
- 雞腿肉……1塊（約300g）
- 黃甜椒……1個
- 萊姆……1/4個
- 香菜……適量

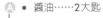
- 醬油……2大匙
- 麻油……1大匙
- 蜂蜜……1小匙
- 酒……1大匙
- 洋蔥泥……1/4個的量
- 蒜泥……1瓣的量
- 辣椒粉……少許
- 薑黃……1/2小匙
- 水……2大匙

作法

① 雞腿肉切成一口大小，裝入塑膠袋，加花生醬和Ⓐ用手搓揉入味。放進冰箱冷藏醃漬30分鐘～一晚。

② 抹掉①的醃醬，再用廚房紙巾擦拭。

③ 竹籤用水沾濕，將雞腿肉、切成一口大小的甜椒交互插入竹籤，剩下的部分包上鋁箔紙。

④ 烤網塗抹沙拉油（材料分量外）、擺上③，烤至雞腿肉熟透。把②的醃醬倒入平底鍋煮稠。盛盤，旁邊擺上萊姆和香菜，依個人喜好淋上醃醬。

Point

用烤網烤的時候，竹籤會烤焦，請務必包上鋁箔紙。

櫛瓜鑲味噌肉醬

加了花生醬的味噌肉醬
味道濃郁，和清淡的櫛瓜相當搭。
變冷了也好吃，適合當作便當菜。

- 花生醬……2大匙
- 櫛瓜……2條
- 蔥……10cm
- 薑……1個拇指大
- 雞絞肉……150g
- 沙拉油……1大匙
- 酒……1大匙

Ⓐ
- 味噌……2大匙
- 味醂……1大匙
- 雞湯粉……1/2小匙
- 水……1大匙
- 鹽、胡椒……適量

- 莫札瑞拉起司……80〜100g

作法

❶ 櫛瓜對半縱切，用湯匙挖掉白色的瓜肉。瓜肉、蔥、薑切末。

❷ 平底鍋內倒沙拉油，雞絞肉下鍋，加蔥、薑、酒拌炒。待雞絞肉變色後，再加瓜肉一起炒。

❸ 接著加Ⓐ和花生醬，炒至水分收乾。

❹ 把❸填入櫛瓜，擺上莫札瑞拉起司，放進已預熱至200℃的烤箱烤10〜12分鐘即完成。

| Point |

對半縱切的櫛瓜放在平整的地方，如托盤或砧板，用湯匙挖掉瓜肉。這也是味噌肉醬的內餡。

大口咬下
超滿足！

椰奶蝦

椰奶加了花生醬後
增添堅果的風味，口感更滑順。用雞肉取代
蝦子也很好吃，配飯或麵包皆對味。

材料 | 2人份

- 花生醬……1小匙
- 蝦子……6～8隻
- 菠菜……1/2把
- 小番茄……8個
- 橄欖油……1大匙

- 白酒……1大匙
- 椰奶……200ml
- 高湯塊……1個
- 百里香……2～3枝
- 醬油……1小匙

作法

❶ 蝦子洗淨後，輕劃背部，去除泥腸。菠菜切成3cm寬。

❷ 平底鍋內倒橄欖油，蝦子、白酒下鍋。待蝦子表面變色，起鍋備用。

❸ 接著將椰奶倒入鍋中煮滾。加菠菜、去蒂的小番茄、花生醬、高湯塊、醬油、百里香，煮到剩下1/3的湯汁，再加蝦子滾煮片刻，盛盤即完成。

Point

蝦子煮太久會變硬，
變色後立刻起鍋。

好有異國風～！

亞洲風味牛腱咖哩

亞洲風味牛腱咖哩

使用紅咖哩醬的香辣咖哩。
加紅咖哩醬前，先靜置一晚，
味道會變得更濃郁鮮美。

材料 | 3～4人份

- 花生醬……1又1/2大匙
- 牛腱……200g
- 洋蔥……1個
- 奶油……10g
- 番茄罐頭……1罐（400g）
- 水煮竹筍……100g
- 綠蘆筍……4根

- 杏鮑菇……1根
- 紅咖哩醬……1包（50g）
- 椰奶……250ml
- Ⓐ 番茄醬……2大匙
  - 魚露……2大匙
  - 伍斯特醬……1大匙

作法

❶ 牛腱切成一口大小，洋蔥切成薄片。

❷ 鍋內放奶油，洋蔥下鍋炒至軟透。接著加番茄、400ml的水（材料分量外，用番茄罐頭的空罐裝滿水）與牛腱。以中火煮滾，再轉小火燉煮約30分鐘，關火並靜置一晚。

❸ 重新加熱，放入切成一口大小的竹筍、綠蘆筍、杏鮑菇，加紅咖哩醬。

❹ 待蔬菜都煮透後，加花生醬、椰奶、Ⓐ攪勻，以小火燉煮5分鐘即完成。

Point

沒時間的話，靜置約3小時也
OK。

雞肉河粉

用花生醬和魚露為基底調成的醬汁
做成的乾拌河粉。
清爽順口，天氣熱或沒食欲時也能來上一盤。

材料│2人份

- 花生醬……2小匙
- 乾燥河粉……2人份（約140g）
- 豆芽菜……1/4包
- 韭菜……1/2把
- 雞柳（或是雞胸肉）……100g
- 酒……1大匙
- 蝦米……10g

Ⓐ
- 醋……1大匙
- 魚露……1大匙
- 醬油……1大匙
- 麻油……1大匙
- 砂糖……1小匙
- 碎花生……適量
- 香菜……適量
- 檸檬……1/4個

作法

❶ 將河粉依包裝說明煮熟，快煮好的1分鐘前，把豆芽菜和切成5cm長的韭菜下鍋汆燙，撈起放涼。

❷ 小鍋內放入雞柳與蓋過雞柳的水（材料分量外）、酒煮滾。關火、蓋上鍋蓋，靜置約20～30分鐘。雞柳用手撕開、湯備用。

❸ 蝦米用2大匙的水（材料分量外）浸泡約10分鐘，取出蝦米切碎，加花生醬和Ⓐ、泡過蝦米的水、2大匙❷的湯混拌。

❹ 將❶與雞柳盛盤，撒上❸，擺些碎花生、香菜，旁邊放檸檬即完成。

│Point│

蝦米泡水後會變軟，鮮味成分也會釋出。用泡過蝦米的水做醬汁，味道更濃醇。

豆漿擔擔麵

以花生醬取代芝麻醬的擔擔麵。
加了豆漿的湯，濃醇不膩口，
讓人想整碗喝光光。

材料｜2人份

- 花生醬……1大匙
- 青江菜……1把
- 大蒜……1瓣
- 薑……1個拇指大
- 香菇……2朵
- 麻油……1大匙
- 豬絞肉……150g
- 油麵……2球
- 蔥（切末）……10cm的量

- 榨菜（切末）……2小匙
- 辣油……適量
- Ⓐ 酒……1大匙
  - 醬油……2大匙
  - 甜麵醬……1大匙
  - 豆瓣醬……1/2小匙
- Ⓑ 豆漿……400ml
  - 雞高湯……200ml
  - 醋……1小匙

作法

❶ 青江菜水煮備用，大蒜、薑、香菇切末。

❷ 鍋內倒麻油，蒜末、薑末下鍋拌炒，傳出香味後，豬絞肉和香菇末一起下鍋。豬絞肉炒熟後，再加花生醬、Ⓐ拌炒。

❸ 先將❷盛盤，把Ⓑ倒入鍋中加熱，但不要煮滾。另取一鍋，煮熟油麵。

❹ 麵盛入容器、加湯，擺上❷和青江菜、蔥末、榨菜末，淋些辣油即完成。

Point

加了豆漿後，快滾沸前關火。煮到開始
冒泡、出現熱氣，就是關火的時機。

酪梨可可布丁

降低甜度，適合大人吃的成熟口味。
不使用吉利丁，以酪梨製造綿滑口感。

材料 | 100ml的容器×3個

- 花生醬……3大匙
- 酪梨……1個
- 香蕉……1根
- 可可粉……2大匙
- 龍舌蘭糖漿（或是楓糖漿）……1大匙
- 檸檬汁……1大匙
- 牛奶……1大匙
- 碎花生……適量

作法

❶ 碎花生以外的材料全部倒入食物調理機，攪打至柔滑狀態。
❷ 放進冰箱冷藏1小時以上。
❸ 從冰箱取出，撒上碎花生。

| Point |

酪梨與可可粉充分拌
勻，呈現優格般的質地
後，裝入容器冷藏。

莓果花生醬夾心佛卡夏

夾入花生醬，

擺上酸甜莓果的佛卡夏。

沾巴薩米克醋醬汁吃，味道更豐醇。

材料 | 約20cm×40cm的長方形1塊

- 花生醬……3大匙
- 牛奶……2大匙
- 覆盆莓……20～25粒
  （若是用冷凍覆盆莓，請先解凍、擦乾水分）
- 砂糖……1大匙
- 橄欖油……適量
- 巴薩米克醋……3大匙
- 蜂蜜……1小匙

< 麵團 >
- 高筋麵粉……250g
- 酵母粉……5g
- 砂糖……8g
- 鹽……4g
- 水……60ml
- 白酒……60ml
- 橄欖油……30ml

作法

❶ 在攪拌盆內倒入佛卡夏麵團的所有材料，用橡皮刮刀混拌成團。

❷ 取出麵團，用手掌搓揉。

❸

以直向推展的方式搓揉麵團約10分鐘。

❹

收整成團，收口朝下，放回盆內。包上保鮮膜，靜置約30分鐘（基礎發酵）。利用這段時間，拌勻花生醬和牛奶。

❺

待麵團膨脹至1.5倍後，手握拳壓出空氣。重新滾圓麵團，蓋上濕布，靜置約10分鐘。

❻

取出麵團，收口朝上，置於平台。

❼

用擀麵棍壓成寬20cm×長40cm左右的長方形。

❽

邊緣空出約2cm，將麵團的一半抹上拌了牛奶的花生醬。

❾ 麵團對摺。

❿ 用手指捏按邊緣使其黏合。包上保鮮膜，靜置約25分鐘（最後發酵）。利用這段時間把覆盆莓撒上砂糖。

⓫ 在麵團上戳出20～25個洞。

⓬ 將❿的覆盆莓放入洞內。

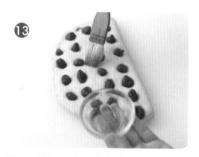

⓭ 刷塗橄欖油，放進已預熱至200℃的烤箱烤約10～14分鐘。

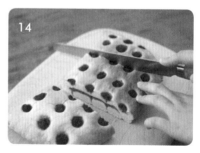

14 烤好後放涼，切成方便食用的大小。

取一小鍋倒入巴薩米克醋，煮至變稠後，加蜂蜜攪勻，巴薩米克醋醬汁即完成。請依個人喜好酌量沾取。

生起司蛋糕

減少砂糖用量，
活用花生醬風味的生起司蛋糕。
碎花生是美味的點綴。

材料 | 直徑18cm的圓形烤模1個

- 花生醬……2大匙
- 奶油……50g
- 全麥蘇打餅……100g
- 奶油起司……200g
- 砂糖……60g
- 吉利丁粉……5g
- 牛奶……60ml
- 檸檬汁……2大匙
- 鮮奶油……200ml
- 碎花生……適量

作法

❶ 奶油微波加熱30～40秒，使其軟化。全麥蘇打餅裝進塑膠袋敲碎。

❷ 把敲碎的蘇打餅倒入調理碗，加奶油混拌，移至鋪有保鮮膜的圓形烤模。用杯底壓平，放進冰箱冷藏約1小時

❸ 退冰至常溫的奶油起司，充分攪拌至出現光澤感。砂糖分2～3次加，加完後拌勻。再加花生醬，仔細混拌。

❹ 吉利丁粉和牛奶倒入容器，微波加熱30秒。稍微放涼後，倒入❸混拌，再加檸檬汁拌勻。

❺ 將打至8分發的鮮奶油分2～3次加，輕輕拌合。

❻ 接著倒入❷，整平表面，放進冰箱冷藏3小時以上，使其凝固。撒上碎花生即完成。

Point

生起司蛋糕的基底，比起用手壓，用杯底可以壓得均一平整，看起來更漂亮。

義式脆餅

酥香脆口，加了花生醬的義式脆餅
直接吃就很好吃，
塗上花生醬烤一烤，美味更升級。

材料 | 方便製作的分量，約35塊

- 花生醬……3大匙
- 低筋麵粉……150g
- 泡打粉……2小匙
- 蛋……2顆

- 砂糖……70g
- 葡萄乾……50g
- 杏仁……50g
- 糖粉……適量

作法

❶ 低筋麵粉與泡打粉混合，過篩備用。

❷ 糖粉以外的所有材料倒進攪拌盆，用橡皮刮刀充分混拌成糊狀。

❸ 把麵糊分成2份，舀入鋪有烤盤紙的烤盤，用手或橡皮刮刀稍微塑型，撒上糖粉，放進已預熱至170℃的烤箱烤25分鐘。

❹ 烤好後切成1.5cm寬，切口朝上排好，烤溫調至140℃，再烤35～40分鐘。

❺ 時間到了，打開烤箱，靜置放涼。完全放涼後取出。

大家都喜歡！

「焙煎」是決定花生醬美味與否的重要步驟。
快速從焙煎機取出花生，透過眼睛、舌頭確認
味道與香氣是專家的技術。

隱藏版的能量食物！？

營養豐富的花生富含蛋白質、礦物質及維生素，
小小一顆凝聚了帶給身體活力的滿滿能量。

Point 1
花生的油脂是好油

花生的脂質含量占了一半。不過，那和導致發胖的動物性脂肪截然不同。花生的油脂是不易發胖的植物性脂肪。當中含有可降低血液中的中性脂肪（三酸甘油脂）與壞膽固醇，預防動脈硬化等生活習慣病的油酸、亞油酸（不飽和脂肪酸）。給人「發胖」印象的花生所含的油脂，其實和橄欖、酪梨等一樣，都是有助瘦身、不易發胖的優質油脂。

花生的
營養成分

脂質

蛋白質

礦物質、
鉀、鎂等

Point 2
增強記憶力＆活化大腦

花生的油脂也含有活絡腦神經細胞的卵磷脂與膽鹼。是製造神經傳導物質乙醯膽鹼的材料，所以吃花生可促進乙醯膽鹼的生成，活化大腦，進而增強記憶力、提升學習能力、預防大腦老化。

Point 3
肌膚有光澤，看起來變年輕

花生所含的維生素中，最多的就是維生素E，據說具有回春（抗氧化）效果。此外，構成蛋白質的胺基酸中，可促進血液循環的精胺酸也很多，有助於美膚、抗老化。

另外還有
這些成分

葉酸、鋅、礦物質
預期效果：改善貧血或畏寒、增強記憶力

膳食纖維
預期效果：改善便祕

卵磷脂
預期效果：放鬆身心、消除壓力或焦躁情緒

低GI值、不易發胖

多數人都知道花生是低升糖指數（GI值）的食物。因為血糖上升的速度緩慢，吃了不容易發胖。而且具飽足感，有點餓的時候可當作解饞小點。

食品名稱	GI值
細砂糖、白砂糖	100
蜂蜜、大福（麻糬）	88
白米	84
餅乾	77
義大利麵	65
栗子、西瓜	60
糙米、香蕉	55
全麥麵包	50
蘋果	39
腰果	34
杏仁、毛豆、大豆（黃豆）	30
花生	28

花生是有助瘦身、有益美容的黃金食品

GI值 30 的杏仁與大豆是具代表性的低 GI 食品，腰果是 34。花生更低，只有 28。

有些人為了美容或瘦身，肚子餓時選擇吃水果或堅果，假如吃花生，不但耐飢也不易形成體脂肪，還能預防便祕，簡直一石三鳥！

快記下來

Q, 多少算是適量？

A, 直接吃的話，1天30粒以內

若是吃花生醬，1 天 1 大匙左右（約 17g）為適量。花生或杏仁等堅果類的營養豐富，熱量（卡路里）也高，適量攝取才能維持健康美麗。

黑芝麻

無花果

和葡萄酒很搭！
抹在核桃麵包上吃
滋味更成熟

西洋梨

柑橘

大人會想吃的
個性派果醬

「食」驗報告！找出適合搭配花生醬的果醬

塗了花生醬的麵包再加上果醬會變得
更好吃！一起來尋找最對味的果醬。

＊試吃的是抹了花生醬和果醬的吐司。
　苦味或酸味強烈的口味適合大人，
　溫和順口的口味適合小朋友。

偏甜

蘋果果醬 3：花生醬 1
的組合最棒！

蘋果

藍莓

巧克力

小朋友肯定喜歡！
濃郁滑順的口味

牛奶

66

薑

奇異果

梅子

微辣刺激的
絕妙薑味,適合
搭配沒有烤的吐司。

沒想到其實
很搭的酸味果醬

番茄

超好吃～!
新鮮多汁的
番茄與香濃的
花生醬非常搭

偏酸

花生的堅果香加上
覆盆莓的豐盈果香
巧妙搭配出美味的組合!

覆盆莓

草莓

小妙招!
如果再撒點鹽,
味道會更棒

杏桃

不太能吃酸的人也能
接受的
杏桃與覆盆莓

Column 01

靈活應變、值得信賴的
花生醬男孩

by Makki 牧元

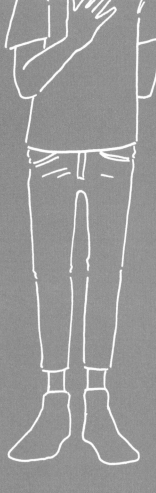

Profile

1955年生於東京。「味之手帖」股份有限公司的董事
編輯顧問、旅食達人。從立食蕎麥麵到割烹（日本傳
統料理）、法式料理、異國風料理與甜點、居酒屋，
無所不吃，天天尋覓美食。也有為雜誌撰文，參與廣
播、電視節目的演出。著有《喝出一片天 潛入居酒
屋，偷學生意人的絕招》（集英社）、《馬鈴薯沙拉
居酒屋》（辰巳出版）等多本著作。
「味之手帖」的部落格「Makki 牧元的滿腹報告」
＞http://www.ajinotecho.co.jp/weblog/

花生醬是很擅長規畫的混血男孩。雖然生來是為了被抹在麵包上，也很容易融入其他料理。看起來是日式料理，吃起來卻有股西洋風味。

抹在麵包上時，準備無糖花生醬，依個人口味喜好加蜂蜜調整甜度。再買些花生，敲碎後拌入，增加口感。麵包用烤過的薄切吐司最對味。

若用來做菜，最簡單的方法是加進醬油口味的杯麵，淋上些許辣油。拌一拌吃一口，哇，根本是擔擔麵的味道啊！再放炒過的豬絞肉和燙菠菜就更完美了。沾麵或中式涼麵也可這樣吃，各位不妨試試看。做成像是芝麻拌菜的感覺應該也不錯。花生醬加楓糖漿及少量的醬油，用水調開後，淋在燙青菜上。花生的香氣豐富了青菜的滋味。或是加進味噌湯增添濃醇感。藍紋起司上淋蜂蜜、放花生醬。和蔥、薑、蒜末、辣油、醬油、醋混拌後，當作水煮雞肉或水煮豬五花肉的醬汁。塗在雞肉上，用烤箱烤成沙嗲雞。和等量的八丁味噌拌合，當成蔬菜的沾醬或生春捲的醬汁。

花生醬男孩真的很優。方便實用，讓人很想擺在身邊。而且，他完全不會發牢騷，誠心推薦給各位。

吐司不要烤。
這是我對花生醬愛的表現

by平野紗季子

塗上厚厚一層的花生醬，
充分冷卻後，有如甘納許
的口感，真是太好吃了。

我的冰箱裡就算菜爛掉、蛋過期，總會有花生醬解救我陷入絕望的食欲。

我都把花生醬抹在麵包上吃。雖是簡單的吃法，仍有幾個必須遵守的原則。首先，麵包不要烤。儘管買了烤吐司神器（BALMUDA），可以烤出超讚的吐司，但花生醬不該配烤得香酥的麵包。那種超市已經很少見（有些地方還是有賣），裝在像是豆腐塑膠盒的去邊三明治吐司才對味。接著拿出花生醬。作法很簡單，把一片三明治吐司抹上厚厚一層花生醬，用另一片吐司夾起來。

先別急著吃，包上保鮮膜，放進冰箱充分冷藏。略微變硬的花生醬口感紮實，入口後慢慢化開，真是太好吃了。如果是頂級的花生醬更棒。先充分冷藏才吃是我對花生醬示愛的方式。

Profile

美食狂熱份子，從小學就開始寫飲食日記。在部落格
「.fatale」發表與日常飲食有關的發現或感觸而引起關
注，活躍於多個領域，現為多本雜誌和電子雜誌撰文，
也有參與電視節目的演出。著有《新味覺日記》（平凡
社出版）。

Part 3 吃法新發現！

大家的
花生醬
生活

本章將為各位介紹喜愛花生醬的
饕客們推薦的吃法。從早午晚三
餐到解饞點心，變化豐富的嶄新
創意令人躍躍欲試。

Conoma食堂
稻葉綾子小姐

成為花生醬粉絲的時間	**2年**
花生醬使用次數	**每週2～3次**

迷上花生醬
做成店內的餐點

在廣島縣廣島市經營Conoma食堂的稻葉小姐，早上的樂趣就是把當地的人氣吐司「YUCPAN.」塗上厚厚一層花生醬拿去烤。「花生醬配鬆軟的吐司超好吃，但我發現配冰淇淋也很棒！加上義式濃縮咖啡，做成『阿芙佳朵』（Affogato）真的超讚，這已經成為我店內的商品。我打算再繼續研發使用花生醬的餐點。」

＞Shop Information P120

~| PM3：00 |~

微苦咖啡滋味的阿芙佳朵

「香甜順口的香草冰淇淋只加偏苦的義式濃縮咖啡，味道過於強烈，所以我放了花生醬。這是店內的人氣品項之一。因為是用甜度適中、花生味濃的花生醬，和香草冰淇淋、濃縮咖啡搭在一起，味道融合不衝突。」

烘焙坊　森林的葡萄
清水啟先生

成為花生醬粉絲的時間｜**20年**

花生醬使用次數｜**每週3次**

除了搭配麵包，
還有許多美味的活用方法

福岡縣大野城市有家以天然酵母和國產小麥製作麵包的烘焙坊，店主清水先生說：「花生醬富含優質油脂、維生素E等，對女性有益的營養成分，除了麵包也能用來做各種東西，所以我很喜歡。最近我常用花生醬做醬汁。做法很簡單，把熱水加花生醬、甜辣醬、醬油和薑拌勻即可。想在家大吃一頓時，做來沾烤魚或烤雞，配上葡萄酒超對味。」

＞Shop Information P120

AM7：30

現烤麵包出爐

「烤得香酥的麵包抹上花生醬，配咖啡一起吃是我固定的早餐組合。不趕時間的日子，我會用一大匙花生醬加牛奶、冷凍莓果和香蕉打成思慕昔。加了花生醬的思慕昔，喝起來很香濃。」

PM0：30

生火腿與萵苣的
簡單三明治

「鬆軟的麵包捲是用吐司麵團加
鹽做成的餐包。劃開側面,塗上
薄薄的花生醬,夾入生火腿及萵
苣。麵包和生火腿的鹹與花生
醬的微甜相當對味。沒時間的
時候很快就能做好,適合當成午
餐。」

切成方便入口
的大小

PM4：00

葡萄乾&
核桃麵包
with花生醬

「覺得有點餓時,我就吃這個。
使用大量葡萄乾和核桃做成的這
款麵包是本店的自信商品,切成
一公分厚的片狀拿去烤。烤好後
趁熱塗上花生醬。溶化的花生醬
滲入麵包,咬下一口好滿足。」

75

BAYCREW'S
野田晉作先生

| 成為花生醬粉絲的時間 | **10年** |
| 花生醬使用次數 | **每週1～2次** |

花生醬的組合變化
無限大！

身為時裝品牌BAYCREW'S的董事，表現活躍的野田先生是貓王迷，他超愛貓王三明治。「我本來就愛花生醬，做過不少加了花生醬的料理。最近常用來做肉類料理的醬汁。花生醬可以增添香氣和濃郁感。不光是西餐，和日式料理也很搭。普通的料理加上一匙花生醬就會變得不一樣，請大家也試一試。」

＞Shop Information P120（FARMSHOP）

~ AM9：00 ~

貓王三明治

「薄切的黑麥麵包烤好後，夾入煎得香酥的厚切培根、切片的香蕉，抹上厚厚的花生醬與草莓果醬。甜甜鹹鹹，滋味絕妙。花生醬和果醬的量請依個人喜好斟酌。建議各位把香蕉切成斜片，吃的時候比較不會外露。」

PB&J 奶昔

「PB&J 是花生醬和果醬的縮寫。把 1.5 大匙的草莓果醬、花生醬加 100g 的香草冰淇淋和 100cc 的牛奶、適量的冰塊用果汁機打勻即可。我會在運動後像是衝浪，或是工作的空檔喝一杯。果醬用覆盆莓或藍莓等莓果類的果醬也很好喝喔。」

花生醬薑燒豬肉

「薑磨成泥，加 1.5 大匙的花生醬、3 大匙的醬油，日本酒、味醂、砂糖、蜂蜜各 1 大匙做成醬汁。把 300g 的薄切豬肉片用醬油、日本酒各 1 小匙先調味，取一平底鍋，倒沙拉油加熱，肉片下鍋炒至變色。接著加醬汁，大火拌炒收乾水分。旁邊放滿滿的生蔬菜，配著醬汁一起吃更美味。」

THE ROASTERS
神谷健先生

成為花生醬粉絲的時間│**1年**

花生醬使用次數│**每週2～3次**

以喜歡的焙煎咖啡&烤吐司
迎接一天的開始

神谷先生在和歌山縣和歌山市的一處小村落開設了咖啡焙煎所。「早上想喝咖啡，我會想配塗了花生醬的吐司。雖然是很常見的吃法，卻是最能品嚐出花生醬美味的方式。因為花生醬不會太甜，天天吃也吃不膩。香蕉或楓糖漿、果醬等，思考如何搭配也是很有趣的事。」

＞Shop Information P121

AM7：30

楓糖香蕉的
單片三明治

「放切片的香蕉，再淋上楓糖漿。一片就能代替午餐的飽足感&分量，這是我的活力早餐，配濃咖啡很對味。」

BrooklynRibbonFries
Ryuu先生

| 成為花生醬粉絲的時間 | **1年** |
| 花生醬使用次數 | **每週2~3次** |

香蕉×貝果的組合
展現最強的美味

Ryuu先生任職於這家布魯克林風格的人氣餐館,他說:「花生醬香蕉貝果是店內的招牌,我也很喜歡這一款。我最推薦的是配香蕉的組合,不過培根或香腸等帶鹹味的食材和花生醬也很搭。雖然店裡供應的是貝果三明治,用棍子麵包或奶油麵包捲等其他麵包也很好吃,請各位務必試一試。」

> Shop Information P121

～| PM1:30 |～

焦糖香蕉貝果三明治

「這是用東京代代木上原的 tecona bagel works 貝果和 HAPPY NUTS DAY 花生醬做成的聯名餐點。把塗了花生醬的貝果夾入滿滿的焦糖香蕉。搭配下圖右後方的薑奶一起吃超讚。中午不妨外帶一份,到附近的駒澤公園野餐。」

good design market

KÖK
本田英宣先生

成為花生醬粉絲的時間	**3年**
花生醬使用次數	**每週2～3次**

只要一小口花生醬
立刻美味倍增！

神奈川縣藤澤市的**KÖK**常有許多來自外縣市的客人造訪，在湘南是具代表性的複合品牌店。本田先生正是該店的負責人兼採購。「第一次吃花生醬時，開瓶的瞬間，那股濃郁的香氣令我驚豔。這股香味和許多食物應該都很搭，試過後發現果然沒錯！我最喜歡的吃法是，花生醬撒上粗粒海鹽的鹽花生醬。想用來配麻糬或水煮蔬菜等各種食材。」

> Shop Information P121

~ **AM10：30** ~

熱騰騰的糙米麻糬
佐花生醬

「糙米麻糬用烤箱烤膨脹後，趁熱塗上花生醬。糙米與花生醬的雙重香氣，相當誘人。再撒一點海鹽，甜味會更明顯。以石川縣有機糯米製成的糙米麻糬是我家的常備食品。」

花生醬夾心鹹餅乾

「直接吃就很好吃的餅乾,塗上花生醬做成夾心餅,客人來時可當作招待的點心。以國產小麥製作,用米油略炸的『大地點心』這牌子的餅乾很不錯。淡淡的鹹味與花生醬的香醇讓人一口接一口!」

PM7：30

花生醬拌山菜

「具獨特苦味的楤木芽,汆燙後用花生醬簡單地拌一拌即可。苦味變明顯的同時,多了些許香醇,可當作晚餐的下酒菜。若是用一般的蔬菜,加點海鹽或香草鹽就很好吃。適合搭配各種蔬菜做涼拌,真的很實用。」

DEAN & DELUCA

田崎丈博先生

成為花生醬粉絲的時間	**3年**
花生醬使用次數	**每週1～2次**

做成沾醬，香醇濃郁
不輸大廚的好滋味

在專賣頂級食材的**DEAN&DELUCA**負責選購義大利食材、果醬、蜂蜜等商品的田崎先生。「試過許多食材後，我發現花生醬不只配麵包好吃，也能幫料理提味，真的很棒。」除了以下的吃法，假日的時候，他也喜歡用花生醬配鬆餅和煎過的培根當成早午餐。

＞Shop Information P122

～ PM8：30 ～

烤肉＋青豆沾醬

「加花生醬。把 100g 的水煮青豆、適量的大蒜、鹽、香料（小茴香或香菜）和 1/2 大匙的花生醬、2 大匙的橄欖油用食物調理機攪打至柔滑狀。這個沾醬配任何烤肉都對味。」

料理家
真藤舞衣子小姐

| 成為花生醬粉絲的時間 | **4年** |
| 花生醬使用次數 | **每週2次** |

花生醬和魚露是
無敵組合

在東京與山梨縣開設烹飪教室、協助開店、開發食譜等，表現活躍的真藤小姐。「花生醬加魚露的組合除了沙拉，當作生春捲的醬汁也非常好吃。如果只用魚露，味道太強烈，加了花生醬變得溫潤濃醇、滋味紮實，不必再調味。另外，再加上檸檬等柑橘類水果的酸味，身心疲累沒食欲的時候也吃得下。」

＞HP http://www.my-an.com/

~ PM8：00 ~~~~~~~~~~~~~~~~~~~~~~

異國風味的柑橘海鮮沙拉

「把蝦子和花枝等水煮過的海鮮搭配柳橙或葡萄柚、香菜、西芹等，做成爽口的沙拉。1大匙的花生醬與1小匙的魚露做成的淋醬是決定味道的關鍵。蔬菜類用淋醬拌一拌盛盤，要吃之前再擠上檸檬汁。」

FOOD&COMPANY
谷田部摩耶小姐

| 成為花生醬粉絲的時間 | **3年** |
| 花生醬使用次數 | **每週2~3次** |

最愛的異國風料理
絕對少不了花生醬

矢田部小姐是東京都目黑區專賣有機野菜及國內外嚴選食材的生活雜貨店 **FOOD&COMPANY**的店主。「我常做異國風料理,花生醬很適合拿來調味,加了會讓味道更有深度,做其他料理時也常用來提味。花生醬的魅力在於,除了甜食,鹹食也用得到。在此和大家分享我們官網上的創意食譜。」

>Shop Information P122

~| PM7:00 |~

異國風味的
花生醬
拌麵

「基底的湯汁是用米漿、芝麻糊加花生醬、魚露做成。肉末也加了花生醬,再以魚露和豆瓣醬調味。擺上幾乎蓋住麵的滿滿香菜,最後淋些麻油、擠點檸檬汁,拌勻即可享用。」

FOOD&COMPANY
高木裕美小姐

| 成為花生醬粉絲的時間 | **1年** |
| 花生醬使用次數 | **每週1次** |

葡萄酒的下酒菜或甜點
只要有花生醬就搞定

高木小姐不僅是模特兒，也是矢田部小姐店內的員工。「我常做花生醬冰淇淋。把香草冰淇淋加花生醬混拌後，先裝進杯子放到冷凍庫冰硬。這麼一來，平價的冰淇淋會變得非常好吃。再推薦一道胡蘿蔔沙拉。這個不必開火就能做，我每次都做很多，當成常備小菜。」

> Shop Information P122

PM3：30

鬆餅冰淇淋三明治

「置於常溫稍微變軟的冰淇淋加花生醬混拌，用鬆餅或餅乾夾起來即可。吃幾次都不會膩的好滋味！」

PM8：30

胡蘿蔔沙拉佐
花生醬

「把一根胡蘿蔔削成絲，加些許的鹽搓揉、擠乾水分後，用1大匙的白酒醋和橄欖油、1小匙的花生醬、1/2小匙的黃芥末醬做成的淋醬拌一拌即完成。最後再加些小茴香或鹽調味。」

Ustyle
中田聖加瑠小姐

| 成為花生醬粉絲的時間 | **1年** |
| 花生醬使用次數 | **每週1～2次** |

帶出食材美味的好幫手
花生醬

複合家飾店Ustyle看似高級卻不奢華，店內都是訴求簡單有格調的精選品項。「不光是生活用品，吃東西也是如此，享用優質食材是很幸福的事。好比青森縣在地生產的蘋果，本身已經很好吃，烤一烤就很棒了。花生醬也是，只要抹一些，普通的麵包就會變得很美味哨。」

> Shop Information P122

~PM3：40

烤蘋果×花生醬

「烤過的蘋果內放入滿滿的花生醬，再擺上奶油更是美味。」

~PM8：00

新風味！
竹莢魚泥普切塔

「做竹莢魚泥時，在味噌裡加少量的花生醬，味道會很棒。和橄欖一起放在烤過的棍子麵包上，就是配白酒很搭的下酒菜。」

86

品牌指導
福田春美小姐

成為花生醬粉絲的時間｜**3年**

花生醬使用次數｜**每週2次**

加了花生醬
涼拌料理就會變得非常好吃！

福田小姐不但是服飾、藝廊等多種品牌的總監，廚藝更是一級棒。「我常用花生醬加自製調味料拌小松菜或菠菜等，做成涼拌菜。」自製調味料是指，將等量的酒和味醂加熱，煮到酒精蒸發後，再加等量的醬油煮滾。「把自製調味料加高湯就變成沾麵醬汁，這種和風口味的醬汁，做料理時很方便。」

＞HP http://editlife.jp/

~| PM8：30 |~

涼拌油菜花

「略微汆燙過的油菜花泡冷水後，瀝乾水分。接著用 1 大匙花生醬加 1/2 大匙的自製調味料拌一拌即完成。再依個人喜好，淋些醋或麻油也很好吃。撒上碎花生，口感更豐富。」

cherche
丸山智博先生

| 成為花生醬粉絲的時間 | **20年** |
| 花生醬使用次數 | **每週1次** |

搭配利口酒或黃豆粉等
盡情享受各種組合方式

丸山先生曾負責東京代代木上原的人氣法式小酒館MAISON CINQUANTE CINQ等多家餐廳的開發與顧問。「除了甜食，花生醬和肉類料理、法式料理也能結合，我以前就很常用。其實很多人不知道，堅果的營養成分充足很耐飢，做成思慕昔不僅能攝取營養也可補充能量，很適合忙碌的上班族。」

＞HP http://maisoncinquantecingyoyogiuehara.tumblr.com/

~AM8：40

黃豆粉與香蕉的
能量飲

「花生醬和優格各2大匙＋1大匙黃豆粉＋1根香蕉＋150cc的牛奶打勻。香醇的花生醬讓味道變得豐富，早上喝1杯就很飽足！」

PM10：00

香草冰淇淋×
杏仁甜酒

「在香草冰淇淋上放美國櫻桃與花生醬，淋些杏仁甜酒。最後再撒上壓碎的義式杏仁餅增加口感。」

Nick
八重樫元基先生

| 成為花生醬粉絲的時間 | 4年 |
| 花生醬使用次數 | 每週2次 |

為豪邁的肉類料理注入
柔和滋味的花生醬

八重樫先生經營的肉鋪提供很特別的服務，客人從展示櫃裡挑選想吃的肉，交給店家烤，然後在店內享用。「為了讓客人品嚐肉的原味，我很講究沾醬和配料。目前店內最受歡迎的配料是花生醬麵包粉。多汁的肉加上香酥口感，淡淡的堅果香和肉也很搭。各位在家不妨也試一試！」

> Shop Information P123

~| PM9：00 |~

多汁豬肋排

「先將豬肋排用酒、花生醬、黃芥末醬醃漬入味。把麵包粉和花生醬拌勻，鋪在烤盤紙上烤至香酥。用平底鍋煎豬肋排，盛盤後撒上麵包粉即可享用。」

84（hachi-yon）
大田浩史先生

成為花生醬粉絲的時間	**2年**
花生醬使用次數	**每週3～4次**

省時省事，即享美味
上班族的得力幫手！

84（hachi-yon）是販賣餐具、廚房用品、生活雜貨等點綴日常生活的複合品牌店。店主大田先生就算再忙，每天一定會吃早餐。「早上只要有現烤吐司和花生醬就夠了。簡單的美味，怎麼吃都吃不膩。假如有時間，配上一杯用廣島宮島的自家焙煎伊都岐咖啡豆的手沖咖啡，那就太完美了。」

＞Shop Information P123

AM7：00

烤吐司
與果醬

「用烤網烤酥的吐司，先抹上厚厚的花生醬，再放果醬。最好是用 June Taylor 的果醬。如果搭配酸黃瓜，可以解解膩，這樣更棒！」

鬆軟的
葡萄乾麵包×
花生醬

「中午忙到沒時間吃飯時,這樣吃很方便。附近有家河內烘焙坊,店內的葡萄乾麵包很有名,塗上滿滿的花生醬就是簡單的午餐,再配一杯冰牛奶或豆漿。大口吃大口喝,補足能量,下午繼續打拚。」

PM9：00

爆汁烤雞

「晚下班回到家想好好吃些東西時,花生醬立刻派上用場。趁著烤雞肉的空檔,用1大匙的醬油和花生醬加1小匙巴薩米克醋做成醬汁,再把蔥切碎。只要短短10分鐘,就能完成一頓飽足的晚餐。」

白樂貝果
川崎太一先生

享受口味變化的樂趣
方便調理的花生醬

川崎先生是神奈川縣橫濱市白樂貝果的店主。「我會向客人建議店內的貝果適合搭配哪些抹醬。鹹、甜口味皆可的花生醬，我常推薦給客人。平常我會嘗試各種吃法，和客人交換心得。最近有客人教我配苦巧克力或偏酸的果醬等，沒想到能和那些食材做搭配，獲得這樣的新發現讓我很開心。」

> Shop Information P123

~AM8：30~

厚切香蕉的
熱三明治

「我家孩子也很愛的熱三明治。吐司（8片裝）塗上1大匙花生醬、放 1/2 根的切片香蕉，用三明治機壓烤。我試過許多方法，發現香蕉切成厚片，味道超讚！吃完很有飽足感，這道早餐讓我在忙碌的早晨依然活力充沛。」

苦巧克力的
單片三明治

「飯後還想吃點什麼的時候，
我會吃這個當作甜點。把切成
一半的棍子麵包塗上花生醬拿
去烤，趁熱削些苦巧克力在表
面。吃起來不會太甜，是成熟
的大人口味。邊吃邊看電影或
電視，再配上一杯咖啡。」

果醬&
花生醬的
貝果三明治

「原味貝果對半橫切，以1：
1 的比例塗上花生醬和藍莓果
醬。貝果稍微烤過，花生醬會
略微融化，滲入內部組織，吃
起來更美味！我都是配不加糖
的熱牛奶。」

93

NEIGHBORS BRUNCH
with麵包與義式濃縮咖啡
皆川香繪小姐

| 成為花生醬粉絲的時間 | **30年以上** |
| 花生醬使用次數 | **每週4～5次** |

加進喜歡的料理
就變成新口味

皆川小姐在這家主打麵包的咖啡廳擔任公關，她是在高中的時候愛上了花生醬的美味。「我的美國寄宿家庭吃素，每天餐桌上都有自製的有機花生醬。不只早上，他們想吃就吃。除了直接吃，也會搭配果醬或水果、做成醬汁。我就是在那時候成為花生醬迷。現在也會用花生醬做各種料理。」

＞Shop Information P124

~| AM11：00 |~

棍子麵包做的法式吐司

「花生醬與加了牛奶的蛋液攪勻，讓棍子麵包充分吸附蛋液，放進烤箱烤至表面酥黃。法式吐司通常是用平底鍋煎，若用烤箱烤，表面會很脆酥，內部組織鬆軟。」

Bona Appetit!
C 'est bien arroré dans
une cuisine naturelle

口感如鮮奶油般
滑順的
糖霜

「這是用花生醬和奶油起司做的糖霜。當成奶油抹在吐司上，或是搭配美式鬆餅或格子鬆餅、略煎過的蘋果都很對味。置於常溫回軟的奶油起司與花生醬拌勻後，少量地加糖粉混拌，調整成喜歡的糖度。」

花生醬
與青蔥的
炸豆皮

「將炸豆皮切成喜歡的大小，塗上花生醬烤至香酥。配醬油、魚露、青蔥等一起吃就是很棒的下酒菜，用烤網或平底鍋即可完成。」

EST. 2011
CORNER STORE
TOKUSHIMA

CORNER STORE
大賀良平先生

| 成為花生醬粉絲的時間 | **2年** |
| 花生醬使用次數 | **每週2～3次** |

客人傳授的吃法
天天吃也吃不膩

CORNER STORE是德島有名的時尚複合品牌店，大賀先生是該店的總監。他是透過客人的介紹才成為花生醬迷。「我原本就喜歡花生醬，有位客人分享了他的推薦吃法，我試過後就變得很常吃。恰到好處的甜度與濃郁感，真的很讚！我的孩子很愛吃花生醬加香蕉的單片三明治。早上和孩子們共進早餐是我一天的活力來源。」

＞Shop Information P124

~ AM7：00 ~

果醬&
花生醬吐司

「果醬和花生醬各塗一半，先分開品嚐各自的味道，最後才吃中間的部分，那股混合的滋味我很喜歡！」

~ PM11：30 ~

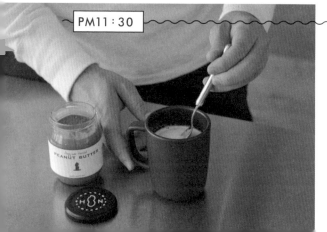

睡前的熱牛奶

「在熱牛奶裡加1匙花生醬攪勻。花生淡淡的溫和甜味，喝了感覺很好睡。」

料理家
山田英季先生

成為花生醬粉絲的時間 | **14年**

花生醬使用次數 | **每月1次**

結合常吃的料理
味道立刻產生變化

開發食譜、策辦外燴、經營餐廳等，事業多元發展的料理家山田先生。「我是在十多年前發現花生醬的美味。後來一直維持每個月用花生醬做一次料理的習慣。想簡單做點東西吃時，我會烤吐司配花生醬。想轉換心情時，用花生醬加酸桔醋做成涮涮鍋的沾醬，或是加魚露做成生春捲的醬汁。要用花生醬做什麼來吃呢？對我來說，花生醬是在家或辦公室的好伙伴。」

＞HP http://andrecipe.tokyo/

AM10：00

美式香腸
三明治

「烤過的奶油吐司抹花生醬，夾入香腸與萵苣，擠上番茄醬和黃芥末醬。雖然是很簡單的料理，吃了令人回味無窮。」

PM3：00

花生醬夾心餅乾

「把麗滋鹹餅乾塗上花生醬，夾起來即可。配咖啡一起吃，當成下午茶的點心。」

宮崎 上水園
本田文子小姐

| 成為花生醬粉絲的時間 | **2年** |
| 花生醬使用次數 | **每週3次** |

充分享用綠茶和花生醬的
美味與營養

活用自然的力量，以無農藥栽培的方式種茶的本田小姐。「雖然我做菜常用綠茶，自從用了花生醬，料理的變化增加許多。綠茶含有礦物質、胺基酸，花生醬富含維生素，一起吃能攝取到充足的營養。我家常吃的綠茶涮涮鍋和花生醬沾醬讓全家人身體健康。」

＞Shop Information P124

PM7：00

爽口綠茶豬肉涮涮鍋

「涮涮鍋裡放了微粉末茶，用花生醬加酸桔醋做成沾醬。涮涮鍋的茶湯可消除肉腥味和油膩感，吃起來很清爽。」

PM9：30

糙米米香×
花生醬冰淇淋

「冰淇淋加微粉末茶、糙米米香和花生醬。花生的香氣與茶的微苦讓市售冰淇淋變得更好吃。」

Esquerre Café
北垣勝彥先生

成為花生醬粉絲的時間 | **3年**

花生醬使用次數 | **每週2～3次**

加果醬做成
漢堡的醬汁

曾在兵庫縣西宮市的漢堡店Esquerre擔任主廚的北垣先生說：「在美國，花生醬加果醬的三明治很常見，在日本卻很難吃到，所以我就自己做！為了搭配花生醬的香醇，我用加了肉桂、丁香的櫻桃果醬，做出來的味道很棒。光是這樣的組合已經很美味，做成漢堡後，配上起司的鹹更是絕妙的滋味。我再次體驗到花生醬的威力實在很驚人！」

> Shop Information P125

> Shop Information P125

~ PM1：30 ~

花生醬&
櫻桃果醬
漢堡

「稍微烤過的麵包抹花生醬，放上漢堡肉、培根、番茄、自製黑櫻桃果醬、奶油起司等做成漢堡。如果想在家裡做，可用兩片烤過的吐司，一片抹果醬、一片抹花生醬，放上厚切培根、番茄做成BLT三明治（培根：**B**、生菜：**L**、番茄：**T**）三明治。」

graf
川西萬里小姐

| 成為花生醬粉絲的時間 | **2年** |
| 花生醬使用次數 | **每週1～2次** |

花生醬和紅茶的
愜意午茶時光

在大阪府大阪市的創意集團graf負責茶食市集的川西小姐說：「因為想用紅茶配花生醬，所以試做了印度奶茶。結果發現花生醬和印度奶茶非常對味。加了花生醬，印度奶茶的香料甜味變明顯，也能感受到花生的香。喝起來不會太甜，配上甜點就是很棒的下午茶。建議各位使用香醇的阿薩姆紅茶製作。」

> Shop Information P125

~| PM3：00 |~~~~~~~~~~~~~~

花生醬肉桂印度奶茶

「開水裡放紅茶和肉桂，靜置約 2 分鐘，待紅茶與香料的香氣釋出後，倒入牛奶。以 1 杯 1 大匙的比例加花生醬小火滾煮，煮至味道融合。最後用濾茶網過濾注入杯中。」

graf Shop&Kitchen
中野隼先生

| 成為花生醬粉絲的時間 | **3年** |
| 花生醬使用次數 | **每週1～2次** |

輕鬆做出讓蔬菜吃起來
更美味的萬能醬汁

中野先生與川西小姐同屬graf集團，在Shop&Kitchen擔任主廚。「花生醬抹麵包很好吃，但只是這樣吃，不少人總是用不完。如果做成醬汁，很快就會用完了。除了清淡的豆腐，配沙拉或水煮豬肉等，什麼都能搭，多做一些備用的話，比較忙的時候，晚餐就能派上用場。做醬汁時，建議各位用等量的辣椒醬和花生醬。」

＞Shop Information P125

~PM8：30~

豆腐與生火腿佐花生醬辣醬

「花生醬、辣椒醬、酒各1大匙，加1小匙醋、1小撮鹽做成醬汁。將瀝乾水分、切片的豆腐和生火腿擺入盤內，淋上醬汁即完成。再放些喜歡的蔬菜就是一道很豐盛的主菜。配白酒相當對味。」

BARINC
藤田祐介先生

成為花生醬粉絲的時間	**2年**
花生醬使用次數	**每週1～2次**

用花生醬
做成了調酒

藤田先生在大阪與神戶負責兩家酒吧。「讓人舒服地享受音樂的酒吧，必須要有好喝的調酒。以各種材料研發調酒的過程中，我發現了花生醬的美味！用冰過的利口酒和花生醬做調酒時，花生醬不易溶解，做起來很費事，可是真的很好喝！用牛奶類或莓果類的利口酒做成的調酒，口感濃郁適合餐後喝。希望能讓更多人知道這樣的美味。」

> Shop Information P125

PM10：00

莓果與
花生醬的
濃醇調酒

「把黑莓與覆盆莓加入香草、香料釀成的香博樹莓利口酒（Chambord），和花生醬及牛奶倒入調酒杯，搖久一點。接著注入杯中，撒上現磨的肉桂粉，微微香辣的調酒就完成了。甜度的比例很適中。」

大家一起唱！

花生醬之歌

作詞、作曲：福田哲丸

有花生醬啊真開心～　沒有花生醬啊好開心～
有花生醬真的好開心～　開心開心好開心　大家
早～　我要開動囉　真～好吃啊　吃完早餐就像
被施了魔法似的　煩惱不見了　提不起勁的生活
下起傾盆大雨的天～空～也像是被施了魔法似的
有 HAPPY NUTS DAY 花生醬啊真開心～　沒有花生醬
好傷心～　有花生醬真的好開心～　開心開心好開心
就是愛花生　來自千葉的我們　就是愛花生的好麻吉
愛花生沒什麼不好呀　HAPPY NUTS DAY

連結至 http://www.happynutsday.com 可以聽到完整歌曲！

中式料理與花生醬的絕佳搭配

中國是花生產量No.1的國家，
使用花生醬烹調的美味中式料理肯定很多！
本書特別邀請中菜名廚金萬福師傅與HAPPY NUTS DAY的中野先生進行對談。

花生醬是
中式料理
不可或缺的調味料

金萬福

一九五四年出生於香港。十四歲時投身廚界學習中菜，曾任香港知名餐廳「鳳凰酒樓」的主廚，當時年僅二十三歲。一九八八年赴日，陸續擔任多家餐廳的主廚，二〇〇七年起擔任宇都宮東武飯店 GRANDE 中式料理「竹園」的行政主廚。

> http://www.tobuhotel.co.jp/utsunomiya/

調味、醬汁、甜點……
花生醬的活用方法
豐富多變

中菜真是深奧!!
金萬福師傅
果然懂好多

（HAPPY NUTS DAY代表，中野，以下簡稱中）

中 金師傅您好，今天請多指教！那我就直接切入正題了，中菜是不是有很多料理會用到花生醬？

（金萬福師傅，以下簡稱金）

金 是啊。例如，把整隻雞塗抹花生醬拿去烤，或是用花生醬加山葵調成醬汁，淋在炸好的雞肉上，用到花生醬的中菜多到數不清。

中 花生在中菜是基本的調味料原料也是食材。說到直接使用花生的料理，像是鳳梨蝦球，那就是把碎花生撒在蝦球上。或是當作麵的配料，加進熱炒料理中一起炒。

中 您做菜是用市售的調味用花生醬嗎？

金 那種東西是有在賣，就像豆瓣醬之類的調味料，但我都是自己做。因為餐廳的用量很大，我會多做一些備用。拿來醃肉調味，或是做鐵板燒時，在客人面前把煎好的肉淋上花生醬的醬汁，用得非常頻繁。

中 是喔！那，甜點類也會用到嗎？

金 甜點的話，中國人常吃的熱甜湯就會用到。在勾了芡的花生醬甜湯裡放湯圓，類似日本的紅豆湯。冰過再吃也很好吃喔。對了，做杏仁豆腐也會用到。

中 變化真多呢。用花生醬做菜，有沒有能夠做得更好吃的祕訣？

金 中菜的基本就是「炒」，炒的順序很重要。用花生醬做菜，不能直接加，要先炒香，這是重點。比起之後再加，這樣更能帶出香氣，徹底發揮花生醬的美味。

不光是花生醬，食材的順序也很重要。好比炒飯，先炒蔥爆香，再放蛋和飯一起炒。最後再把蔥下鍋拌炒。那麼做是為了突顯食材的口感。考慮到香氣與口感，個別分開烹調就是好吃的祕訣。

等會兒我做兩道使用花生醬的料理，請中野先生嚐一嚐。

中 太棒了！那就麻煩金師傅了。

花生醬
炒雙椒牛肉

雙椒炒牛肉在
中國是常見的
家常菜。重點是
薑、大蒜和花生醬
一起炒出香氣

材料 | 2人份

- 薄切牛肉片……約300g
- 紅甜椒（大）……1個
- 青椒（小）……2個
- 洋蔥……1/4個
- 蔥……5cm

- 薑片……2個拇指的量
- 蒜末……2瓣的量
- 花生醬……1小匙
- 豆瓣醬……1/2小匙
- 雞高湯……50ml

- 砂糖、醬油……各1/2大匙
- 蠔油……1/2小匙
- 番茄醬……1/2小匙
- 太白粉水……適量

作法

1

薄切牛肉片用醬油、太白粉（各1大匙）加1顆蛋的蛋液（材料分量外）醃漬。紅甜椒、青椒、洋蔥切成一口大小，蔥切段。

2

取一平底鍋或炒鍋，把薑片、蒜末、蔥段、豆瓣醬下鍋以中火拌炒。

3

待蒜末傳出香氣後，加花生醬炒香，再放薄切牛肉片一起炒。

4

待肉片變色後，加紅甜椒、青椒和洋蔥充分拌炒。

5

接著加雞高湯，炒至所有的料都熟透後，依序放砂糖、醬油、蠔油、番茄醬拌炒。

6

最後加太白粉水勾芡，淋些許的麻油（材料分量外）增添風味後，關火盛盤。

嶄新吃法
大發現！

金萬福師傅親授

湯圓花生
甜湯

「湯圓花生湯」是
以花生醬為基底的
熱甜湯，香醇濃稠。
這道人氣點心在中國的
餐廳與一般家庭都吃得到。

材料 | 4人份

- 熱水……900ml
- 砂糖……5大匙
- 花生醬……2～3大匙

- 太白粉水……4大匙
- 鮮奶油……2大匙
- 湯圓……適量

作法

取一炒鍋或普通的鍋子，倒入熱
水煮滾，再放砂糖、花生醬。

接著加太白粉水勾芡。

再倒鮮奶油，快速攪拌，拌至整
體均勻。

舀入容器。

5

放進煮好的湯圓即完成。

為用餐時光注入歡笑聲的花生醬

「花生醬」✕「○○」的 美味評比

＼ 「HOBO日刊糸井新聞」的吃貨三人組 「Calorie Mates」開吃囉！／

吃遍日本各地美食，**HOBO** 日刊糸井新聞的工作人員「Calorie Mates」。由左而右依序是，**JAMBO**（J）、**SUGANO**（S）、**SHIBUYA**（B），她們要選出花生醬的最佳拍檔！

HOBO 日刊糸井新聞　http://www.1101.com/

HAPPY NUTS DAY 已經先試吃過許多搭配花生醬的食材，從中精選出 15 種。「Calorie Mates」的評價又是如何呢？

J　每一種搭在一起好像都很好吃！

S　我喜歡蘋果，先從水果開始試吃好了。

B　那，我要吃草莓！
　　＼開始試吃！／

J　我原以為花生醬會蓋過水果的甜味，但花生醬不會太甜，所以兩者的味道都吃得出來。

S　真的耶！草莓吃起來很香醇，是成熟的滋味。配葡萄酒或香檳應該也很棒。

B　配麻糬或冰淇淋一定很好吃。

J　OK，繼續試吃其他食材吧！

花生醬
✕
早餐的配料

優格
♥♡♡

穀麥
♥♥♥

麻糬
♥♥♥

紅豆餡
♥♥♥

花生
♥♡♡

最對味！

J　配紅豆餡真妙！好想抹在吐司上吃喔！

S&B　對對對！真是太搭了。

S　穀麥的話，先把花生醬和牛奶攪勻再加比較好。想直接喝喝看花生醬加牛奶。

B　優格的話，用無糖的，味道剛剛好唷。

J　花生配花生啊，嗯～差強人意（笑）。配麻糬真的好好吃！加點醬油應該更棒。

HAPPY NUTS DAY帶著花生醬來到
「HOBO日刊糸井新聞」的辦公室拜訪挑嘴的試吃員。
特別選出15種食材，進行最佳組合的「食」驗！

花生醬×水果

蘋果
♥ ♥ ♡

草莓
♥ ♥ ♡

葡萄乾
♥ ♡ ♡

S 蘋果切成薄片沾花生醬
　 吃，口感很讚耶。

J 草莓也是，多沾一點很
　 好吃。

B 葡萄乾也不錯，但好像
　 沒必要沾著吃（笑）。

花生醬×零食

麻糬冰淇淋
♥ ♡ ♡

咖啡凍
♥ ♥ ♡

美式鬆餅
♥ ♥ ♥

巧克力餅乾棒
♥ ♥ ♡

香草冰淇淋＋堅果
♥ ♥ ♥

扭結餅
♥ ♥ ♥

杏仁豆腐
♥ ♥ ♥

J 巧克力餅乾棒好吃，不過沾花生醬吃感覺有點浪費。扭結
　 餅的鹹與花生醬的甜，讓人想一吃再吃！

S 咖啡凍加花生醬，吃起來更濃醇。杏仁豆腐最令我驚豔！

B 我也是。Q彈的口感和綿滑的花生醬簡直絕配。好像在吃
　 某種新甜點。

J 香草冰淇淋也是啊！花生醬讓平價的冰淇淋美味升級。

S Q軟的麻糬冰淇淋感覺會很搭，結果吃了發現很不搭。

野村友里小姐的
花生醬

野村小姐在雜誌等媒體上介紹的食材引發關注，

她所營運的「restaurant eatrip」也是人氣頗高的私房餐廳。

飲食品味極佳的人都很信任她的眼光，

那麼，在野村小姐心中，花生醬是怎樣的存在呢？

Profile

活躍於各領域，如籌辦外燴或烹飪教室、雜誌連載、
廣播節目等。著有《eatlip gift COOK BOOK for
COOKING PEOPLE》（MAGAZINE HOUSE 出版）。
＞ http://www.babajiji.com/

我的早餐

把酸麵包之類的全麥麵包抹上厚厚一
層花生醬，再加蘋果果醬。配新鮮水
果也很好吃。撒些粗鹽，突顯甜味。
有人來我家過夜時，隔天早上我會烤
好麵包、泡杯咖啡，用這樣的早餐招
待對方。

「小時候去遠足，媽媽會幫我做三明治便當，比起夾蛋或火腿的三明治，我更喜歡用花生醬和藍莓果醬做的三明治捲。以前說到花生醬就會想到『吉比』。這是美國的大品牌，我記得小時候很常吃。

去了『堅果王國』加州後，讓我對花生醬改觀。加州不愧是堅果的盛產地，那兒的花生醬非常新鮮美味，令我深深著迷。回到日本後，甚至自己買花生回家做花生醬。碰巧那時候，有位朋友向我推薦HAPPY NUTS DAY。當然自己做是比較好，但我也想嚐嚐看更好吃的花生醬。一群移居千葉縣的年輕人，用千葉縣產的新鮮花生，不添加任何化學物質做成花生醬。他們的想法和態度真的很棒，使我有了想與他們共事的念頭。於是我把他們的花生醬放在『restaurant eatrip』賣，沒多久就獲得廣大回響，變成人氣商品，還有粉絲特地跑來購買。這麼看來，我果然很有眼光（笑）。

自製花生醬，聽起來也許是微不足道的小事。但，花生在許多國家受到喜愛，不少人每天都想吃，所以來自千葉的花生醬說不定在美國也會受歡迎。除了放在店家賣，要是和做麵包的人、開咖啡廳的人攜手合作，或許會有什麼新的發展。如此一來，有故事的美食就會吸引到更多人，這樣多棒啊。」

順帶一提，「restaurant eatrip」供應的甜點有花生醬加藍莓果醬的餅乾，這是野村小姐的母親做的三明治捲的味道喔。

113

我最愛的
花生醬食譜

@ kaonakao
熱愛登山。行動派主婦。

元氣十足！
吃完後精神百倍的
活力早餐

「把烤過的英式瑪芬對半切開，放上花生醬、切片的香蕉，淋些蜂蜜。我喜歡放很多香蕉。」

@ icmra
超愛麵包與美式鬆餅的上班族。

無論何時
吃了心情就會變好
的美式鬆餅

「早上總是提不起勁。不想去上班的時候，我會吃鬆餅為自己打氣。塗上花生醬與奶油，開動囉！」

@ mamuu0924
粉領族，剛滿 1 年的花生醬粉絲。

每天的
早餐是
我的幸福時光

「早上就算匆忙，只要有麵包和水果就會覺得很幸福。吐司塗上厚厚一層花生醬，擺些切片的草莓就完成了。」

@ kao_roni
自製配料多多的三明治是我的興趣。

香醇可口的
花生醬是
加分關鍵

「內餡是紫蘇青醬雞肉與花生醬牛蒡沙拉。而且還夾了很多蔬菜，我滿喜歡這個組合。」

@tanji7617
家中料理以蔬食為主。正在學習種米。

花生醬
與蔬菜是
超讚的組合

「花生醬是我家不可或缺的調味料。加醬油和味醂拿來拌明日葉。配菠菜或茼蒿、菇類也很對味！」

@ yuhkat
任職於服飾業，偶爾擔任沙龍模特兒。

想吃甜食
的時候就會在家裡
做這道甜點

「用厚片吐司多加一點蛋液做成的法式吐司。加在蛋液的糖減量，多抹些花生醬是我的作法。」

好開心
樂趣無窮的
花生醬生活

快來瞧瞧喜愛美食的IG網紅
他們精彩的花生醬生活。

@micishikawa
上班族，旅行與咖啡是我的小確幸。

去露營時
吃的
簡單烤吐司

「要在戶外野炊時，我一
定會帶花生醬。用烤網烤
至金黃的吐司，塗上厚厚
一層花生醬，咬下的瞬間
真是無比幸福。」

@ namisoma
每天都在構思讓孩子安心吃的料理。

普通的
涼麵變得
更加美味

「我超愛涼麵，一整年
都想吃。試著用花生醬
做醬汁，味道超讚！孩
子也很愛這一味。」

@mandd_yumi
任職於蔬果專賣店。

一大盤的蔬菜
三兩下就
吃光光

「用市售的芝麻淋醬和
花生醬、洋蔥末做成棒
棒雞的醬汁。最後淋上
一些辣油，味道會更
棒。」

@1984momo0331kazu2014
2歲男孩的媽媽，興趣是收集餐具。

豪華三重奏的
香蕉
美式鬆餅

「麵糊裡加了香蕉的鬆
餅是家人的最愛。焦糖
醬和奶油、花生醬加在
一起，味道一級棒！」

@ xxosakanaxx
極愛麵包與麵包配料的粉領族。

邊吃邊比較
幸福的
早餐時光

「早餐必吃喜歡的果醬
和花生醬。用小片的吐
司，每種淺嚐一些。邊
吃邊比較，幸福地迎接
一天的開始。」

@hamumi_39
喜歡動手做點心的平面設計師。

簡單！
花生醬
瑪芬

「鬆餅粉加花生醬做成
麵糊。擺上切片的香蕉，
放進烤箱烤。香蕉的甜
味讓瑪芬變得更好吃。」

我最愛的
花生醬食譜

@momo1012
咖啡廳控，5 歲男孩的媽媽。

兒子也
很喜歡的
夏季甜點

「香蕉與花生醬的自製冰淇淋。因為花生醬和香蕉已有甜味，所以砂糖減量。」

@asa_gohann
與丈夫、0 歲的女兒一起生活的在職主婦。

讓便當
變得超美味的
祕密醬汁

「花生醬＋美乃滋＋檸檬汁＋黃芥末醬＋芝麻沾醬調成的醬汁，搭配水煮蔬菜。滋味香醇，蔬菜再多也吃得完！」

@torianon424
鋼琴表演者，興趣是欣賞藝術與到處吃喝。

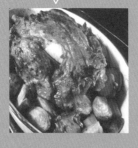

特別日子的
宴客料理
烤雞

「將整隻雞擺在高麗菜心上拿去烤。塗雞肉的醬汁只用了花生醬加黃芥末醬、橄欖油。」

@y_444
布偶創作者，女兒的點心都是親手做。

女兒
吃了就會笑
的花生醬點心

「這是米粉鬆餅。雖然鬆餅扁扁的，因為分量不會太大，可以抹很多花生醬吃，女兒總是一個接一個。」

@hotapotashop
餐具複合精品店的老闆

和兒子一起
享用溫馨
的早餐

「吐司抹花生醬，擺上切片的香蕉，撒大量的肉桂粉。我兒子喜歡配牛奶吃。」

@yosaiso
早餐是單盤料理的粉領族。

就算早上很
匆忙
也能吃飽飽

「早餐是水果和切片的棍子麵包、咖啡。把切好的水果盛盤即可，看起來很簡單，有了花生醬就覺得很滿足！」

我迷上了可以烤出香酥麵包的烤網

「我喜歡買五片裝的吐司。四片裝的太厚，六片又吃不過癮。把烤至金黃的吐司抹上花生醬，要抹很多喔！」

我家的營養滿分早餐

「快樂的早餐時光絕對少不了荷包蛋和小香腸。還有加花生醬與奶油的麵包。」

加湯圓的花生醬甜湯

「花生醬和牛奶下鍋煮，用葛粉勾芡，最後加湯圓就完成了。就算憑感覺抓分量也不會做失敗唷！」

晚餐必備的美味配菜

「這是我第一次用花生醬做菜！加豆腐做成的沾醬香醇美味，家人都喜歡。可以列入我家的基本款菜色。」

放假時最愛吃的早餐組合

「吐司抹花生醬、放棉花糖，拿去烤一烤。遇熱融化的棉花糖會牽絲。我和孩子都很喜歡吃這個！」

冰淇淋＋蛋糕的小分量甜點

「晚餐後的甜點。把加了香蕉和花生醬的自製磅蛋糕切成一口大小，擺上香草冰淇淋做成小聖代。」

我最愛的
花生醬食譜

@nao_cafe_
做點心能讓我充滿活力。

把鬆軟的
吐司做成
好吃的三明治

「這是我家的早餐。放在正中央的是花生醬三明治。厚片吐司去邊，只吃鬆軟的部分是我家的習慣吃法。」

@sucresale_chika
以法式料理為主的多國料理外燴業者。

香氣四溢
可愛討喜
的瑪芬

「麵糊裡加了花生醬的香蕉瑪芬。香蕉和花生醬真是絕配！一聞到花生的香味令人食指大動。」

@natsuyo614
正在奉行健康便當生活的上班族。

很適合帶
便當
的涼拌菜

「涼拌菠菜是常做的便當菜，用花生醬拌超好吃！醬油、砂糖和高湯只加一點點！」

@m_m_1_12
早餐是麵包派的主婦，最愛單片三明治。

為了方便吃
把香蕉再
切一切

「烤好的吐司塗上花生醬，再放切片的香蕉。在香蕉上切出花樣。」

@ysk_yy
做指彩、小酌幾杯、吃美食讓我很幸福。

貝果三明治
的內餡很
吸睛！

「用胡蘿蔔沙拉＋花生醬、海帶芽＋芥末籽醬＋帕瑪森起司做的貝果三明治！吃了還想再吃的美味組合。」

@nachumi0723
每天親手做兒子（10個月）與老公的三餐。

早上
簡單
的單片三明治

「切成薄片的小黃瓜和酪梨擺在鄉村麵包上。感覺不太夠，所以再加花生醬的單片三明治，我要開動囉！」

@happynutsday
我是 HAPPY NUTS DAY 的代表 中野剛。

GOOD MORNING 鬆餅

「先用些許麵糊在平底鍋內寫下『GOOD MORNING』，煎上色後，多倒一些麵糊煎成圓形。麵糊裡加花生醬也很不錯喔！」

實現花生醬生活的
店家介紹

Conoma食堂

以廣島為中心，網羅來自日本各地的美食與優質小物的複合式餐飲咖啡店。還有提供當日進貨的新鮮蔬果製成的冷壓蔬果汁。

廣島縣廣島市中區大手町 2-6-30 前田大樓 2F
TEL：070-5306-5430
營業時間：12：00 ～ 19：00
週一～週三公休
> http://conoma-shokudo.tumblr.com/

烘焙坊　森林的葡萄

秉持「安全」、「安心」、「健康」、「美味」的理念，堅持使用天然酵母與國產麵粉製作麵包。有過敏體質的人，店內也有販售不加蛋、乳製品的麵包。

福岡縣大野城市牛頸 4-13-16
TEL：092-915-5151
營業時間：9：00 ～ 17：00
週三公休
> http://ameblo.jp/morinobudou

FARMSHOP

以「Farm to table」為宗旨，並堅持在地少量生產的加州風格高級休閒餐廳。店內的料理都是使用能夠知道生產者背景的新鮮食材，吃起來令人安心。

東京都世田谷區玉川 2-27-5 玉川高島屋 S・C Marronnier Court 1F
TEL：03-5491-7737
營業時間：8：30 ～ 23：00　不定休
> http://farmshop.jp/

為本書提供花生醬吃法的美食饕客所經營的店家資訊。
除了搭配花生醬的麵包與食材，還有作工細緻的器皿，
全部都是很講究的品項。

THE ROASTERS

橘子倉庫改造而成的店。只用來自日本
各地的嚴選特級咖啡豆，配合各自的特
性，焙煎出咖啡豆的特色。
和歌山縣和歌山市大河內 547-6
TEL：073-463-4841
營業時間：10：00 ～ 17：00
週二、三、六、日公休
＞ http://www.theroasters.jp/

BrooklynRibbonFries

招牌料理是「螺旋狀的炸薯條與手作薑汁
汽水」。薯條切成螺旋狀後，更吃得出馬
鈴薯的風味。
東京都目黑區東丘 2-14-11
TEL：03-6413-8185
營 業 時 間：11：00 ～ 17：00（16：
30 ～僅提供外帶）、18：00 ～ 22：30
（週五、六營業至 24：00） 週一公休
＞ http://brooklynribbonfries.com/

good design market KÖK

店名是北歐瑞典語，意即廚房。店家想營造有如家
中核心空間廚房的放鬆氛圍，所有人不分年齡性別
聚集在此。店內都是以獨特觀點收集而來的「衣食
住」相關用品。
神奈川縣藤澤市南藤澤 8-1-A103
TEL：0466-23-4528
營業時間：11：00 ～ 20：00 不定休
＞ http://gooddesignmarketkok.jp/

實現花生醬生活的
店家介紹

DEAN&DELUCA
六本木

一九七七年成立於紐約蘇活區的知名超
市，網羅來自世界的美食與頂級食材，
向大眾傳遞飲食的樂趣。
東京都港區赤坂 9-7-4 東京中城
（Midtown）B1
TEL：03-5413-3580
營業時間：11：00 ～ 21：00　無休
＞ http://www.deandeluca.co.jp/

FOOD&COMPANY

有機新鮮蔬菜與特選食材的專賣店。隨
意走進店內，除了增加美食的知識，也
能從食材獲得做菜的靈感，這兒可說是
創造美味的好去處。
東京都目黑區鷹番 3-14-15
TEL：03-6303-4216
營業時間：11：00 ～ 22：00
無休
＞ http://store.foodandcompany.co.jp/

Ustyle

以「享受生活就是擁有自己的風格」為
理念，精選國內外具特色的家具以及家
飾。來店裡逛逛，你會找到許多讓生活
變豐富的創意。
青森縣青森市濱田豐田 504
TEL：017-762-1885
營業時間：10：00 ～ 18：00
（週二為 11：00 ～）　週三公休
＞ http://www.ustyle.net

Nick

雖然是肉鋪，但店內有提供烤牛肉等餐
點，可搭配啤酒或葡萄酒一起享用的新
型態肉品店。從展示櫃挑選想吃的肉，
烤好後直接在店裡品嚐，這項嶄新的服
務大受好評。
兵庫縣神戶市中央區中山手通 3-10-12
TEL：078-262-1147
營業時間：11：00～20：00　無休
＞ http://nick.co.jp

84（hachi-yon）

販賣豐富生活的食材與日常用品的複合
品牌店。聚焦在品質、人品及背景是店
家挑選商品的原則。了解各項商品的故
事後，對商品會更加喜愛。
廣島縣廣島市中區幟町 7-10
TEL：082-222-5584
營業時間：11：00～18：00
週三、日公休
＞ http://84-hachiyon.com/

白樂貝果

除了簡單的原味貝果和全麥貝果，還有
使用當季食材的貝果，種類相當多。因
為各季皆有不同口味，獲得不少粉絲支
持。
神奈川縣橫濱市神奈川區六角橋 3-3-15
TEL：045-628-9771
營業時間：10：00～19：00
週三、四公休
＞ http://hakuraku-bagel.com/

實現花生醬生活的
店家介紹

NEIGHBORS BRUNCH
with 麵包與義式濃縮咖啡

這是和表參道名店「麵包與義式濃縮咖啡」
聯名的店。店內每天現烤的麵包也可內用。
東京都立川市錦町 1-9-14
TEL：042-595-6868
營業時間：7：00 ～ 18：30（六、日及例
假日為 8：00 ～）　每月第一週、第三週
的週三公休（如遇例假日則往前或往後調
整）
＞ http://neighbors-brunch.com/

CORNER STORE

這家店專賣家具、廚房用品、織品布料
等，為生活增添色彩、注入溫馨感的品
項。店內的陳設很有品味，不少點子看
了會很想學起來。
德島縣德島市沖濱東 3-43
TEL：088-678-8105
營業時間：11：00 ～ 19：00
週四公休
＞ http://www.corner-web.com/

宮崎 上水園

堅持以利用植物自生力的栽培方式種茶。
自家茶園的百分之百「有機茶」，泡三十
分鐘就能品嚐到毫無雜味的清甜茶香。因
為是無農藥栽培，小朋友也能安心喝。
宮崎縣北諸縣郡三股町大字樺山 2759 號
番地　TEL：0986-52-2153
營業時間 9：00 ～ 18：00
週日、例假日公休（依時期而調整）
＞ http://kamimizuen.com

Esquerre Café

秉持「簡單 & 基本」的原則，不使用多餘添加物，只吃得到食材原始美味的麵包與漢堡，不但深受在地人喜愛，也吸引不少人遠道而來。
兵庫縣西宮市山口町上山口 4-1-18
TEL：078-903-0761
營業時間：11：00 ～ 22：00
週一、第三週的週二公休
（如遇例假日，隔日休）
> http://yakitate-pan.com/

graf Shop&Kitchen

思考人與人之間的連結，創造認識物品及創作者想法的機會。這個讓生活變豐富的複合式餐飲空間經常舉辦各種活動，給予人們新鮮的體驗。
大阪府大阪市北區中之島 4-1-9
grafstudio 1F　TEL：06-6459-2100
營業時間 11：00 ～ 19：00
週一公休（如遇例假日，隔日休）
> http://www.graf-d3.com/

BAR INC

推開厚重的鐵門，街上的喧鬧聲嘎然而止，眼前出現的是擺著復古擴音機和音響的雅致空間。新鮮生蠔與健力士黑啤酒相當美味，收工後很適合來這兒喝一杯。
兵庫縣神戶市中央區加納町 2-8-12
adress 新神戶 1F
TEL：078-261-9880
營業時間 19：00 ～隔日 5：00　無休
> http://www.bar-inc.co.jp/

後記

　　我與板友們一起用研磨缽製作花生醬，至今已過了五年。原本從事品牌行銷的我，成立HAPPY NUTS DAY後，深深投入其中，還獲得了珍貴的出書機會。現在我滿懷期待，甚至有了這樣的使命感——往後希望藉由HAPPY NUTS DAY讓日本的花生產業更加蓬勃發展！

　　販賣HAPPY NUTS DAY花生醬的店家，以及喜愛花生醬的諸位同好，大家提供的點子都很棒，成為本書最精采的部分。每天和工作伙伴一起嘗試各種吃法，試吃了幾十種果醬配花生醬。為了找出更輕鬆有趣的吃法，用超商的食材進行「食」驗。透過本書，我也知道了許多以往未知的創意吃法，變得更喜歡花生醬。能夠和喜愛花生醬的朋友們共同完成一本書，我由衷感到開心。最後，向提供過協助的所有人致上萬分謝意。

　　期望本書能讓各位的生活充滿豐富多變的好滋味！

HAPPY NUTS DAY

代表董事 中野剛

愛　　生　　活　　0　　4　　3

花生就是醬好吃：五花八門的絕妙花生醬食譜
ピーナッツバターの本：いろんな食べ方大発見！毎日を笑顔にする
とっておきレシピ

國家圖書館出版品預行編目（CIP）資料

花生就是醬好吃：五花八門的絕妙花生醬食譜／ HAPPY NUTS
DAY 著；連雪雅譯 . -- 初版 . -- 臺北市：健行文化出版：九歌發行，
2018.08
128 面；14.8×21 公分 . -- (愛生活；043)
譯自：ピーナッツバターの本：いろんな食べ方大発見！毎日を笑顔
　　にするとっておきレシピ
ISBN 978-986-96320-6-5（平裝）
1. 食譜 2. 花生
427.1　　107010265

作　　　者 —— HAPPY NUTS DAY
譯　　　者 —— 連雪雅
責任編輯 —— 曾敏英
發 行 人 —— 蔡澤玉
出　　　版 —— 健行文化出版事業有限公司
　　　　　　台北市 105 八德路 3 段 12 巷 57 弄 40 號
　　　　　　電話／ 02-25776564・傳真／ 02-25789205
　　　　　　郵政劃撥／ 0112295-1

九歌文學網　www.chiuko.com.tw

排　　　版 —— 綠貝殼資訊有限公司
印　　　刷 —— 前進彩藝有限公司
法律顧問 —— 龍躍天律師・蕭雄淋律師・董安丹律師
發　　　行 —— 九歌出版社有限公司
　　　　　　台北市 105 八德路 3 段 12 巷 57 弄 40 號
　　　　　　電話／ 02-25776564・傳真／ 02-25789205
初　　　版 —— 2018 年 8 月
定　　　價 —— 300 元
書　　　號 —— 0207043
Ｉ Ｓ Ｂ Ｎ —— 978-986-96320-6-5

Original Japanese title: PEANUTS BUTTER NO HON
© HAPPY NUTS DAY 2016
Original Japanese edition published by Seibundo Shinkosha Publishing Co.,
Ltd.
Traditional Chinese translation rights arranged with Seibundo Shinkosha
Publishing Co., Ltd.
through The English Agency (Japan) Ltd. and AMANN CO., LTD., Taipei
Chinese (in Traditional character only) translation copyright © 2018 by Chien
Hsing Publishing Co., Ltd.

書本設計 —— 一瀬雄太（cekai）
插　　　圖 —— TOKUNAGA AKIKO
採　　　訪 —— 內田理惠（P112-113）
　　　　　　田尻陽子（P14-61）
　　　　　　高木康行（P62-63）
　　　　　　田川優太郎（P66-67）
　　　　　　平岡尚子（P110-111）
　　　　　　仲琴舞貴（P104-107・112-113）
　　　　　　mizuki kin（P108-109・127）
　　　　　　山田薫（P11・12-13）
編　　　輯 —— 森田有希子
拍攝協助 —— 柳瀬真澄
　　　　　　YANAGISAWA MACHIKO
　　　　　　宮川順子
　　　　　　wato
　　　　　　cekai tokyo
　　　　　　果醬專賣店 Clarte
　　　　　　> http://www.jam-clarte.com
　　　　　　DUNNETTS
　　　　　　> http://dunnetts.jp